ÉTUDES D'ENTOMOLOGIE

NOUVEAUX

LÉPIDOPTÈRES

DU THIBET

ONZIÈME LIVRAISON

Décembre 1886

RENNES

IMPRIMERIE OBERTHÜR

ÉTUDES D'ENTOMOLOGIE

FAUNES

ENTOMOLOGIQUES

DESCRIPTIONS D'INSECTES

NOUVEAUX OU PEU CONNUS

PAR CHARLES OBERTHÜR

RENNES

IMPRIMERIE OBERTHÜR

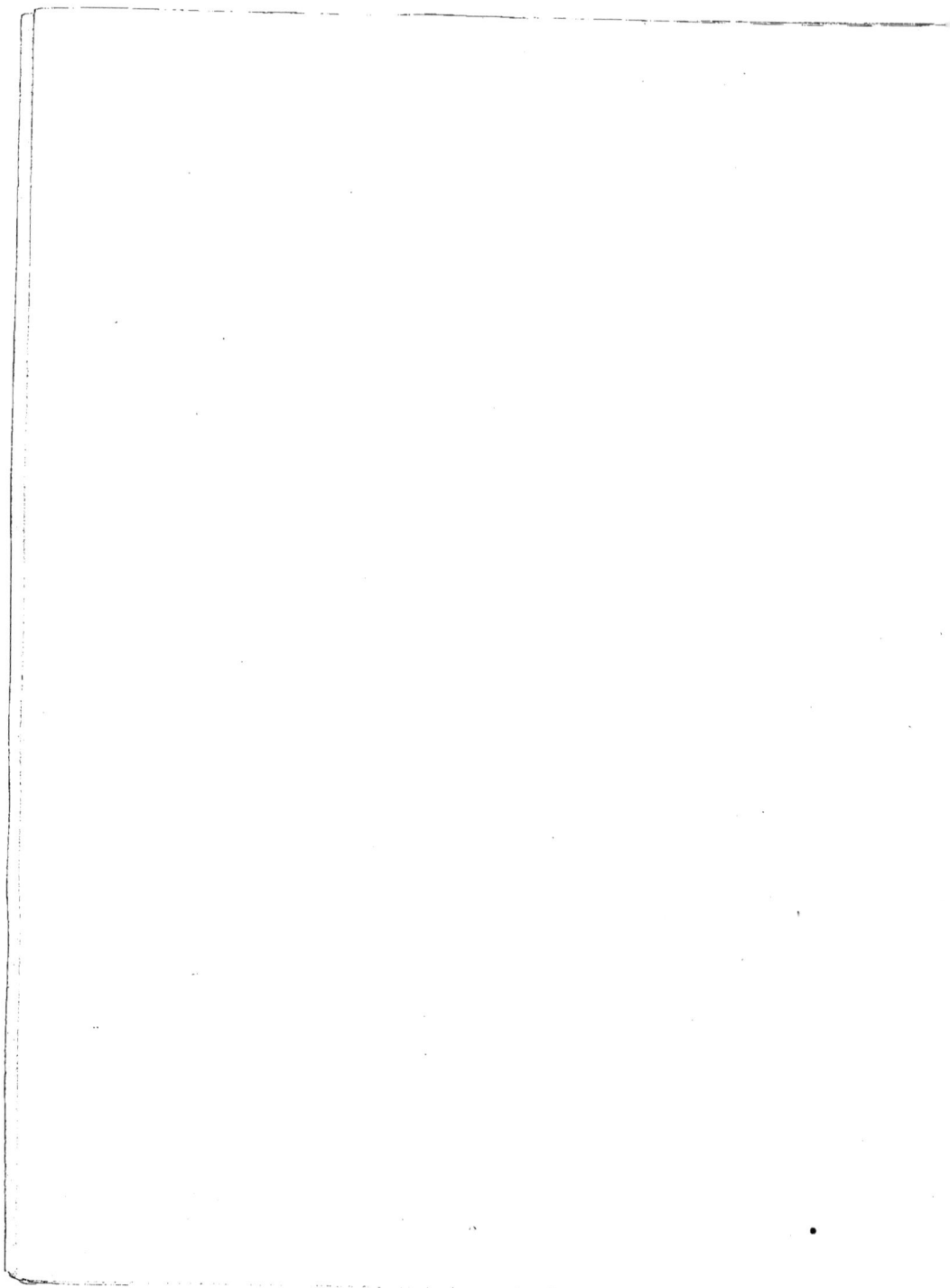

ESPÈCES NOUVELLES

DE

LÉPIDOPTÈRES DU THIBET

PRÉFACE

Le but auquel tendent les Naturalistes, c'est la connaissance des *espèces* si nombreuses d'êtres différents que l'infinie puissance de Dieu a répandues sur la terre; c'est aussi la connaissance des lois qui régissent les variations des espèces et leurs modifications, suivant les circonstances résultant pour elles des lieux où les conduisent leurs migrations; c'est encore la connaissance de la classification par laquelle la suprême Intelligence a groupé et ordonné les espèces.

Certes, elles n'ont point été semées sur la terre comme au hasard, et tout nous démontre au contraire que, dans une synthèse parfaite, où tous les rapports réciproques occupent exactement la place proportionnelle à leur valeur, le Créateur a méthodiquement rangé toutes ses créatures; les plus grandes, aussi bien que celles dont les dimensions, extrêmement réduites, échappent presque à nos sens, mais dont les merveilles paraissent tout aussi éclatantes à l'observateur que charme la contemplation des œuvres du Très-Haut.

Ainsi, quand détournant nos yeux penchés vers la terre, nous les élevons vers les Cieux, non seulement nous admirons la multitude des astres, mais encore les lois d'après lesquelles sont coordonnés les mouvements de tous ces mondes.

Cependant la connaissance de la vérité ne s'obtient point sans efforts, et quoique tant d'hommes éclairés se soient déjà consacrés à l'étude de l'Histoire naturelle, nous n'avons point encore résolu la question si haute de la classification des espèces ni même de toutes les lois qui président à leurs variations.

2

Nous possédons les idées du *règne*, de la *classe*, de l'*ordre*, de la *famille*, du *genre*, de l'*espèce* et de la *variété de l'espèce*; mais à mesure que nous analysons, nous sentons que la vérité devient plus difficile à obtenir. Il est en effet moins aisé de distinguer exactement les espèces que de séparer les règnes et les classes.

D'autre part, il s'agit non seulement de grouper dans un genre des espèces différant entre elles par des caractères constants et se rapprochant les unes des autres par des caractères communs; il faut encore ordonner les genres entre eux.

Or, le système de classification en ligne ou série droite et continue, qui a été employé jusqu'à ce jour, ne peut convenir qu'aux débuts d'une science en voie de formation. Ce mode de rangement présente trop de contacts heurtés et trop de lacunes pour que notre esprit en soit satisfait et l'admette comme l'expression définitive de la science; d'autant plus que nous trouvons dans certaines formes des rapprochements multiples et pour la classification desquelles le système actuellement adopté oblige toujours à des sacrifices, après lesquels l'esprit reste irrésolu.

Certaines espèces paraissent être des centres d'où des séries d'autres espèces s'éloignent en sens opposé comme des rayons. Peut-être aussi ces séries rayonnées d'espèces sont-elles traversées sur des plans différents par d'autres séries, de façon que les espèces, même de genres divers, mais ayant des affinités indéniables, se rencontrent ou se superposent en proportion même de ces affinités?

En attendant que jaillisse le trait lumineux dont la science humaine profitera pour passer des hypothèses dans le domaine de la classification à la possession de la vérité, les Naturalistes doivent travailler sans relâche à la connaissance des espèces et de leur histoire.

Le couronnement de l'édifice viendra sans doute après que tous les détails du monument auront été rassemblés. Or, il reste encore bien des travaux à faire pour que les faunes des diverses contrées de la terre soient connues, et si, pour arriver à la synthèse vraie, nous devons tout d'abord épuiser l'analyse, le temps où la lumière rayonnera sur l'ensemble est encore loin de nous.

Quoi qu'il en soit, efforçons-nous avec patience d'augmenter le champ trop restreint de nos connaissances, mais agissons avec utilité.

Déjà dans d'autres livraisons de ces *Études d'Entomologie* je me suis élevé contre les auteurs qui, négligeant de publier de bonnes figures à l'appui de leurs descriptions, préparent la ruine de notre Nomenclature, remplissent les catalogues de noms dont il est impossible de vérifier la valeur, sèment le découragement parmi les amateurs de l'Histoire naturelle et arrêtent, loin de les développer, les progrès de la science.

Il est impossible de reconnaître un insecte d'après la description seule. Trop d'espèces ne diffèrent entre elles que par des caractères dont il faut le dessin pour se rendre compte.

Évidemment au fur et à mesure que disparaîtront les *specimina typica*, sans lesquels il est inutile aujourd'hui d'essayer à identifier les espèces, lorsqu'une bonne figure n'a pas été publiée, une foule de noms rentreront dans le néant, et définitivement il n'y aura à survivre que ceux sur lesquels aucun doute n'existera plus.

Convaincu de la vérité de cette observation dont personne du reste ne conteste sérieusement la valeur, je me suis fait une loi de ne pas publier une description, sans qu'une figure bien exacte ne l'accompagne.

J'ai donc veillé avec grand soin à l'illustration des Lépidoptères du Thibet et je ne pensais pas pouvoir donner aux Missionnaires catholiques qui m'ont fourni les documents de cette *Étude* un meilleur témoignage de ma gratitude qu'en assurant, par des figures exactes, la connaissance certaine de leurs découvertes.

Déjà j'ai écrit toute mon admiration pour ces hommes d'élite qui au milieu des plus rudes labeurs, dans un isolement auquel succomberaient les caractères les plus fortement trempés, trouvent assez de force pour s'intéresser aux sciences naturelles, alors même qu'ils sont aux prises avec les périls et les dangers de l'heure présente.

Les circonstances actuelles, particulièrement difficiles pour les Missions catholiques de Chine, nous rendent encore plus chers ces prêtres, la plupart français, qui, par leur haute vertu, l'élévation de leur caractère et la distinction de leur esprit, font tant d'honneur à la Patrie, dont ils se sont volontairement exilés pour porter aux nations païennes les bienfaits de la Foi.

J'accomplis donc un devoir de reconnaissance et d'amitié en dédiant le présent travail à Sa Grandeur Monseigneur Félix Biet, évêque de Diana, vicaire apostolique du Thibet, à Monsieur Desgodins, son provicaire et à leurs dignes et éminents collaborateurs.

Rennes, 25 novembre 1886.

CHARLES OBERTHÜR.

NOUVEAUX

LÉPIDOPTÈRES

DU THIBET

Papilio Syfanius, Oberthür (pl. I, fig. 3).

Le *Papilio Syfanius* (*) a été découvert à Tâ-Tsien-Loû, par Mᵉᵣ Félix Biet. Je ne connais encore que le ♂. Il est voisin de *Bianor* et de *Dehaanii* dont il diffère par la forme plus rétrécie de ses ailes inférieures, par l'absence de toute tache bleuâtre vers la partie supérieure de ses ailes inférieures en dessus, par le manque de toute éclaircie blanchâtre le long du bord extérieur de ses ailes supérieures en dessous, par la présence au contraire d'une éclaircie blanchâtre sur le disque de ses ailes inférieures en dessous, alors que cette partie des ailes est précisément la plus obscure dans les espèces voisines.

Papilio Chentsong, Oberthür (pl. I, fig. 4).

Je pense que le *Papilio Chentsong* (**) dont Mᵉᵣ Biet nous a envoyé deux très beaux mâles pris à Yerkalo, est une forme géographique de *Ravana* dont il diffère par le rétrécissement des taches blanches et rosées de ses ailes inférieures en dessus, la coloration plus vive des taches roses des mêmes ailes en dessous et principalement par la

---

(*) De Sỹ-Fân, qui signifie en chinois *Thibet*.
(**) De Chén-Tsŏng, empereur lettré de la Chine, vivant en l'an 1068 de l'ère chrétienne.

forme de ses queues qui sont plus droites, plus allongées, à peine spatulées et non marquées de rouge, comme dans *Ravana*.

Le *Papilio Chentsong* établit une transition parfaite entre le groupe (sectio LXIX de Felder, *Species Lepidopterorum : Papilionidæ*) des *Papilio* à queues spatulées, tels que *Janaka-Bootes, Dasarada, Minercus, Philoxenus, Polyeuctes, Lama, Plutonius* et *Ravana*, et le groupe (sectio LXX de Felder) des *Papilio* à queues droites, allongées, non étranglées à leur origine, comme *Alcinous* et *Mencius*.

Beaucoup d'espèces de *Papilio* volent au Thibet; nous avons déjà reçu de ce pays les espèces suivantes : *Minos, Bianor, Mencius, Alcinous*, de Tà-Tsien-Loù; *Plutonius, Philoxenus*, de Tsé-Kou; *Bootes*, variété à queues entièrement noires, de Tà-Tsien-Loù; *Mariæ*, variété remarquable par la confluence en une seule tache rose allongée, des deux taches rose et blanche, le long du bord anal des ailes inférieures, du Kouy-Tchéou, province chinoise voisine du Thibet; *Pammon*. de Tà-Tsien-Loù, et une variété ♂ de cette même espèce, de Chapa, dans laquelle les taches blanc jaunâtre du disque des ailes inférieures sont extrêmement rétrécies et partiellement oblitérées; de plus, on voit le long du bord extérieur des ailes inférieures une rangée intranervurale de croissants fauves, qui se termine par une grosse tache anale de même nuance; j'ai désigné cette variété, dont le faciès est tout à fait différent du type, sous le nom de *Thibetanus*; enfin, *Cloanthus, Tamerlanus, Machaon, Xuthus* et *Agestor*, de Tsé-Kou et de Tà-Tsien-Loù.

Armandia Thaïtina, BLANCHARD.

Mgr Félix Biet a rencontré cette remarquable espèce à Tsé-Kou et à Tà-Tsien-Loù. Le type de Tsé-Kou semble être le même que celui de Mou-Pin. Cependant les parties jaune paille de l'aile inférieure paraissent plus élargies. De Tà-Tsien-Loù, nous avons reçu une seule ♀ malheureusement avariée, mais très remarquable par le rétrécissement des lignes jaunes et carminées au profit du fond noir qui les envahit notablement.

Nul doute que l'*Armandia Thaïtina* ne soit répandue dans tout le massif montagneux de l'ouest de la Chine.

Nous n'avons reçu aucun *Sericinus* de cette région.

Parnassius Imperator, OBERTHÜR.

Je complète l'histoire de cette superbe espèce, dont je ne connaissais jusqu'ici que la ♀, en donnant quelques renseignements sur le ♂, dont j'ai reçu deux très beaux exemplaires.

Le ♂ diffère de la ♀ qui est figurée dans les *Études d'Entomologie* (IXᵉ livr., pl. I, fig. 4 a, b, c) par une teinte générale plus foncée due à un semis plus serré des atomes noirs. Le thorax et l'abdomen sont entièrement couverts de poils longs qui s'étendent vers la base et sur le bord anal des ailes inférieures.

Dans les ♀ vierges, l'abdomen dépourvu de la poche cornée n'a pas de villosité comme dans le ♂; les anneaux abdominaux sont lisses, noirs et chaque anneau est inférieurement liséré de blanchâtre.

Pieris Acræa, OBERTHÜR (pl. II, fig. 7).

J'ai décrit cette Piéride dans le *Bulletin de la Société entomologique de France*, 1885, pages CCXXVI et CCXXVII; je consacre définitivement le nom donné à cette nouvelle espèce en publiant la figure qui permettra de la reconnaître exactement.

Le Thibet et la Chine occidentale sont riches en Piérides; déjà j'ai fait connaître les *Pieris Bieti, Martineti, Dubernardi (Études d'Entomologie*, IXᵉ livr., pl. I, fig. 5-8), la *Pieris Largeteaui* (VIᵉ livr., pl. VII, fig. 1) et enfin les *Pieris Larraldei, Davidis* (IIᵉ livr., pl. I, fig. 2 a, b et 5 a, b). J'ajoute à cette série une Piéride du même groupe que la plupart des espèces précitées et que j'ai dédiée à M. Goutelle, missionnaire apostolique à Atensee.

Pieris Goutellei, OBERTHÜR (pl. II, fig. 11).

Blanc jaunâtre en dessus, avec toutes les nervures empâtées de noir, surtout vers le bord extérieur des supérieures. Les ailes sont traversées par une bande noire extra-cellulaire, parallèle au bord extérieur, composée de traits cunéiformes intranervuraux dirigeant leur pointe vers le bord extérieur et très aigus. Ces traits cunéiformes ressortent sur une partie blanche ayant une forme analogue, mais plus atténuée.

Le dessous reproduit le dessus; mais avec cette différence que tous les traits noirs, aussi bien ceux des nervures que ceux cunéiformes de la ligne transversale, sont plus nettement écrits, moins empâtés, et qu'enfin l'apex des supérieures et toute la surface des inférieures sont lavés de jaune nankin.

Les antennes et le corps sont noirs, sauf le dessous de l'abdomen qui est blanchâtre. La *Pieris Goutellei* vient de Tsé-Kou.

Anthocharis Bieti, Oberthür (pl. VI, fig. 39).

J'ai décrit et figuré la ♀ de cette jolie *Anthocharis* dans les *Études d'Entomologie* (IXe livr., page 14, pl. I, fig. 1). Je fais connaître aujourd'hui le ♂ d'après deux exemplaires que Mgr Biet m'a envoyés de Tà-Tsien-Loù.

L'espèce varie pour la taille et les dessins du dessous des ailes inférieures.

Anthocharis Cardamines, Linné, var. Thibetana, Oberthür.

Diffère du type européen parce que les ailes inférieures sont lavées de jaune soufre sur les nervures.

Paraît commun à Tà-Tsien-Loù.

Colias Montium, Oberthür (pl. VI, fig. 1).

Voisine de *Phicomone*, dont elle a tout à fait le faciès, mais dont elle diffère par la couleur jaune canari du disque des ailes supérieures en dessus, sans semis d'atomes noirs, et par la teinte jaune plus foncé du dessous des ailes inférieures. Elle ressemble aussi à *Alpherakyi*, mais elle n'a pas la même forme d'ailes; de plus la teinte générale est beaucoup moins verdâtre tant en dessus qu'en dessous, et la frange et les antennes sont roses, comme dans *Phicomone*.

La *Colias Montium* ne peut être confondue avec *Nilaghiriensis*, Felder, des monts Neelgherries, dans le sud de l'Hindoustan. Cette *Colias* indienne, dont M. le R. P. Castets, de Trichinopoly, nous a transmis de nombreux exemplaires très frais, a l'apex des ailes supérieures bien plus largement empâté de noir et la couleur jaune verdâtre du dessus des quatre ailes beaucoup plus vive. Cette *Colias Nilaghiriensis* nous paraît du reste être une espèce parfaitement distincte appartenant au groupe de *Hyale*.

Les autres *Colias* du Thibet que nous connaissons jusqu'à ce jour sont *Simoda*, de Tà-Tsien-Loû et Châpa, et *Fieldii*. Celle-ci très répandue en Asie, très variable et d'une extrême abondance, nous a été envoyée de Tà-Tsien-Loû et Yerkalo par Mgr Biet, de Kouy-Tchéou par M. Largeteau, de Mou-Pin par M. Armand David et de Phedong (nord de Darjeeling) par M. Desgodins. A Phedong, elle semble être généralement plus petite qu'au Thibet. Nous avons des ♂ de Tà-Tsien-Loû aussi grands qu'*Aurora*.

Melitæa Jezabel, Oberthür (pl. II, fig. 14).

Voisine de *Balbita* Moore, du nord de l'Inde, dont elle diffère par les caractères suivants. La taille de *Jezabel* est plus petite; la couleur fauve plus rouge et plus vive; le bord des ailes, dans le ♂, largement lavé de noirâtre qui envahit presque entièrement, surtout aux inférieures, la bande marginale de petits croissants fauves; les ailes inférieures plus étroites; la bande médiane, transversale, jaunâtre de l'aile inférieure du ♂ en dessous, extrêmement rétrécie et ressortant sur un fond rouge brique vif; les bandes maculaires, transversales, jaunâtres de l'aile inférieure de la ♀ en dessous, partiellement teintées de blanc porcelané un peu brillant.

Je possède quatre ♂ et deux ♀ de la *Melitæa Jezabel*, capturés à Tà-Tsien-Loû par Mgr Biet. Quant à *Balbita*, ma collection contient trois ♂ et une ♀, au moyen desquels j'ai pu établir les caractères différentiels que rend très exactement du reste la figure publiée dans le présent ouvrage.

Melitæa Yuenty, Oberthür (pl. II, fig. 13).

Mgr Biet a trouvé à Tà-Tsien-Loû deux ♂ de cette nouvelle *Melitæa* dont les dessins en dessus et en dessous ont à peu près la même disposition que *Trivia*, mais dont l'aspect est tout à fait spécial et qui, dans un genre où les espèces sont souvent très voisines, ne peut être confondue avec aucune autre par la forme arrondie de ses ailes, la disposition très régulière des lignes de taches noires ressortant sur le fond fauve rougeâtre des ailes en dessus, et des mêmes dessins et de ceux blanc jaunâtre traversant et bordant les ailes

3

inférieures en dessous. La surface des ailes inférieures est d'un fauve plus jaune qu'en dessus et le bord des ailes inférieures est liséré de blanc jaunâtre un peu argentin. Sur ce liséré marginal est assise une rangée de croissants blanc jaunâtre, intranervuraux, entourés de noir, très réguliers, sauf les deux plus près du bord anal qui sont plus petits.

Le mot chinois Yuên-Tÿ ayant la signification de *rotundus* s'applique à la forme des ailes et à la disposition générale des lignes et dessins de la nouvelle *Melitæa*.

Melitæa Agar, Oberthür (pl. V, ♂, fig. 32, ♀, fig. 31).

Paraît être commune à Tâ-Tsien-Loû, d'où Mᵍʳ Biet nous en a envoyé quelques belles paires.

C'est une espèce à ailes un peu allongées et arrondies, d'un fauve rouge en dessous chez le ♂ et d'une teinte fauve clair chez la ♀; mais dans ce sexe, les taches noirâtres, tendant à confluer, envahissent presque entièrement les ailes inférieures, la base et le bord inférieur des ailes supérieures.

Le dessous offre une disposition assez particulière des dessins fauves qui traversent le fond blanchâtre des ailes inférieures.

Le corps est noir, le dessous de l'abdomen blanchâtre et l'extrémité anale fauve; les pattes sont fauves.

Argynnis Maculata, Bremer, var. Albescens, Oberthür.

J'ai reçu de Chàpa un seul exemplaire de cette *Argynnis*. Les ailes supérieures sont semblables à *Maculata*, Bremer (*Leopardina*, Lucas), dont je possède deux ♂ pris à Pékin par M. l'abbé David; mais dans l'échantillon de Chàpa, le disque des ailes inférieures en dessus et en dessous est d'un blanc pur et les taches noires présentent par leur disposition quelque différence avec le type *Maculata* de Pékin.

Cette variété *Albescens* est analogue à la variété *Alcippus* de la *Danais Chrysippus*.

Apatura Iris, Lin., var. Bieti, Oberthür (pl. III, fig. 15).

Cette superbe variété, qui est à *Iris* ce que *Clytie* est à *Ilia*, a été signalée par moi dans le *Bulletin de la Société entomologique de France*, 1885, page cxxxvi. Elle paraît exister seule à Tâ-Tsien-Loû et à l'exclusion du type. Les taches blanches ordinaires sont remplacées dans le ♂ par une couleur orangé vif et dans la ♀ par une teinte tantôt jaune nankin, tantôt fauve pâle.

Chrysophanus Pang, OBERTHÜR (pl. V, fig. 36).
Chrysophanus Tseng, OBERTHÜR (pl. V, fig. 35).
Chrysophanus Li, OBERTHÜR (pl. V, ♂, fig. 34, ♀, fig. 38).

Ces trois espèces nouvelles de *Chrysophanus* sont décrites dans le *Bulletin de la Société entomologique de France*, 1886, pages XII, XIII, XXII et XXIII.

Pang et *Li* viennent de Tâ-Tsien-Loû où les a découverts Mᵉʳ Biet. *Tseng* a été pris au Kouy-Tchéou par M. Largeteau.

Pang ♀ diffère du ♂ par une éclaircie fauve doré sur le disque de l'aile supérieure.

Li offre une forme *Vernalis* (celle qui est figurée dans le présent ouvrage) et une forme *Æstivalis*, dans laquelle les taches noires et les dessins blancs du dessous des ailes sont plus accentués, mais ressortent sur un fond moins vivement nuancé que dans la forme *Vernalis*.

Thecla Seraphim, OBERTHÜR (pl. V, fig. 37).

Délicate espèce que j'ai décrite dans le *Bulletin de la Société entomologique de France*, 1886, page XII. Elle appartient au groupe de *Lutea, Jonasi, Sæpestriata* et a été découverte à Tâ-Tsien-Loû par Mᵉʳ Biet.

Thecla Bieti, OBERTHÜR (pl. IV, fig. 22, ♂).

Voisine de *Quercus*, mais d'un bleu plus obscur en dessus et la bordure noire marginale beaucoup plus large. La ♀ diffère du ♂ de la même façon que dans *Quercus*, c'est-à-dire par deux taches bleu brillant et deux ou trois points orangés aux ailes supérieures. La frange est brun jaunâtre. Le dessous diffère de *Quercus*, parce que la teinte gris argenté est remplacée par du brun saupoudré d'une multitude d'atomes jaune orangé, et que la ligne transversale allant du bord costal des supérieures au bord anal des inférieures est jaune clair et parallèle au bord extérieur. Cette ligne est intérieurement accompagnée d'une ombre rougeâtre très fine et extérieurement d'une bande submarginale de petits croissants rougeâtres. Les espaces cellulaires sont clos par un trait rougeâtre. J'ai dédié cette *Thecla* à Mgr Biet qui l'a capturée à Tâ-Tsien-Loû.

Thecla V album, OBERTHÜR (pl. IV, fig. 23, ♀).

Diffère de *W album* par ses ailes plus arrondies, sa texture plus délicate, la tache orangée qui orne l'aile supérieure en dessus dans les deux sexes et la direction plus arrondie et parallèle au bord extérieur de la ligne blanche qui traverse l'aile supérieure en dessous.

En outre, le ♂ de *V album* tend à avoir le dessus des ailes assez largement saupoudré d'un semis épais d'atomes orangés.

Mgr Biet a pris la *Thecla V album* au nombre de quelques exemplaires à Tâ-Tsien-Loû.

Thecla Tsangkie (*) OBERTHÜR (pl. VII, ♂, fig. 55, ♀, fig. 56).

Appartient au groupe de *Syla, Japonica, Taxila, Orientalis*. En dessous, le ♂ a le disque des ailes couvert d'atomes vert brillant, les nervures sont dessinées en brun noirâtre, le contour des ailes est largement bordé de noirâtre uni, mat. Le bord extérieur, aux ailes inférieures, est orné près de l'angle anal de deux taches bleu brillant, du milieu desquelles sort le petit appendice caudal noir, terminé en blanc.

La ♀ diffère en dessus du ♂, parce que les ailes sont brunes, les inférieures plus pâles, les supérieures plus noires. Celles-ci ont deux belles taches bleu brillant, l'une intracellulaire, l'autre plus longue infracellulaire, et une tache orangée bilobée au delà de la cellule.

Le dessous des deux sexes diffère très peu de celui de *Japonica*.

Je possède une seule belle paire de cette *Thecla* qui a été rencontrée à Tâ-Tsien-Loû par Mgr Biet.

(*) Le nom de *Tsang-Kie* est celui d'un ministre chinois à qui l'empereur Houâng-Tý ordonna d'inventer l'écriture.

Thecla Desgodinsi, Oberthür (pl. VII, fig. 54).

Plus grande que *Tsangkie;* ailes d'une contexture délicate, brunes en dessus avec une tache orangée bilobée à peu près comme dans *Tsangkie* ♀. Dessous d'un brun uniforme avec à peu près les mêmes dessins que dans *Tsangkie.* Mais le bord des ailes inférieures est semé d'atomes blancs jusqu'à la rencontre d'une ligne un peu sinueuse, blanche, très fine, presque parallèle à la ligne ordinaire blanche, qui est le prolongement de celle qui descend du bord costal de l'aile supérieure et qui se termine par une sorte de V près du bord anal. De plus, l'espace cellulaire est clos par un trait brun foncé liséré de blanc extérieurement à cette tache brune à l'aile supérieure et intérieurement à l'aile inférieure. Une ombre brune accompagne intérieurement la ligne blanche de l'aile supérieure et une autre ombre brune monte de l'angle interne vers le bord antérieur, entre cette ligne blanche et le bord externe.

Je possède un seul exemplaire ♀ venant de Tâ-Tsien-Loû et que je dédie à M. Desgodins, provicaire apostolique du Thibet.

Lycæna Lanty (*), Oberthür (pl. VII, fig. 53).

Espèce voisine de *Hylas (Baton), Battus, Bavius;* mais bien distincte par sa taille plus grande, la couleur bleu céleste des ailes dans le ♂ et la ligne de points noirs, marginaux, intranervuraux qui longe le bord extérieur des ailes. Le dessous ressemble beaucoup à *Battus.* La ♀ diffère du ♂ parce que le fond des ailes est noir avec la base des quatre ailes et le bord externe des ailes inférieures saupoudré de bleu.

La *Lycæna Lanty* a été trouvée à Tâ-Tsien-Loû par Mgr Biet.

Lycæna Felicis, Oberthür (pl. VII, fig. 52).

Le dessus des ailes est noir dans les deux sexes comme chez *Eumedon.*

En dessous, les supérieures sont gris de lin avec les points ordinaires noirs entourés

---

(*) Lân-tỹ, en chinois, signifie *bleu.*

de blanc, les inférieures sont saupoudrées d'un semis compact d'atomes vert argentin, quelquefois un peu bleuâtre, depuis la base jusqu'à la rencontre d'une ligne submarginale de petits points rougeâtres, intranervuraux, après lesquels le bord et la frange sont d'un blanc pur.

Tâ-Tsien-Loû (Mgr Biet).

Emesis Princeps, Oberthür (pl. VII, fig. 57).

Charmant Érycinide, qui par ses ailes entières un peu allongées, constitue un groupe spécial dans le genre *Emesis*, auquel le rattache la constitution de ses antennes fines, longues et terminées par une massue aplatie.

Le dessus est brun noir, avec une ligne marginale de taches intranervurales fauve rougeâtre, sauf les trois, vers le bord costal, qui sont chamois pâle et un second rang extracellulaire de taches également chamois pâle qui font toutes ressortir une ombre intérieure figurant un point très noir assez gros. La cellule est marquée d'un point noir intérieurement éclairé d'une tache chamois.

Le dessous est jaune paille, un peu plus blanchâtre aux inférieures, avec des dessins et taches noires formant trois séries principales de lignes à peu près parallèles au bord extérieur. Une ligne jaune orangé submarginale, n'atteignant pas le bord costal des supérieures et reproduisant les taches fauve rougeâtre du dessus, sépare les deux derniers rangs de ces taches noires. Le rang le plus voisin de la base y est relié par des traits épais suivant le sens des nervures. Le dessous de l'abdomen est blanchâtre.

Envoyé de Châpa par Mgr Biet.

Pararge Episcopalis, Oberthür (pl. IV, fig. 24).

Satyride voisin de *Maromi*, Elwes, et dont la description est imprimée dans le *Bulletin de la Société entomologique de France*, 1885, page ccxxvii.

La ♀ diffère du ♂ par une petite tache rougeâtre située presque au milieu des ailes supérieures.

Découvert à Tâ-Tsien-Loû par Mgr Biet.

Pararge Gracilis, Oberthür (pl. IV, fig. 19).

Le *Pararge Gracilis* est voisin de l'espèce japonaise *Callipteris.*

Le fond de ses ailes est brunâtre ; les inférieures sont un peu dentelées et sont ornées en dessus de quatre grosses taches oculaires noires, pupillées de blanc, cerclées de brun fauve plus pâle que la couleur du fond. Aux supérieures, les dessins jaunâtres du dessous transparaissent plus pâles et on voit quelques points noirs alignés dans la bande qui descend assez droite le long du bord extérieur. La frange est brun pâle.

Le dessous est brun saupoudré d'atomes jaune verdâtre. Au milieu de la cellule se trouve une tache jaunâtre allongée, accompagnée d'une ombre brun foncé en dessus et en dessous. Puis une bande oblique, sinueuse, jaunâtre, descend de la côte vers l'angle interne formant une sorte de V avec une bande également jaunâtre, mais d'aspect plus verdâtre, montant droit le long du bord externe, dont elle est séparée par un espace brun, divisé lui-même par un fin liséré jaunâtre, parallèle à la bande précitée. Au milieu de cette sorte de V, descend du bord costal, une bande jaunâtre, droite, marquée de trois ocelles noirs, pupillés de blanc, cerclés de jaunâtre et de brun, correspondant aux points noirs du dessus.

En dessous, deux bandes brunes descendent du bord costal, se rejoignant en U au-dessus de l'ocelle anal, l'une (celle qui traverse la cellule) plus droite et moins sinueuse que l'autre (celle qui est extracellulaire). Une série intranervurale, submarginale de six ocelles noirs, pupillés de blanc, cerclés de jaunâtre sur un fond brun, surmontés et presque entourés d'une seconde ligne jaunâtre, se développe en arc du bord costal à l'angle anal qui est légèrement teinté de rougeâtre. Le bord extérieur est doublement liséré de jaunâtre ; mais le liséré intérieur se fond en une tache grise assez large vers le bord costal.

Les antennes, annelées de blanc et brun, ont la massue brun rougeâtre.

Tâ-Tsien-Loû (Mⁱʳ Biet).

Pararge Dumetorum (pl. IV, fig. 20).

Rappelle un peu *Dejanira;* mais est plus petit et a les ailes supérieures proportion-nellement un peu plus allongées, comme *Menetriesi.* En dessus, les quatre ailes sont brunes avec la frange blanc jaunâtre. Aux supérieures, on voit trois séries de taches jaunâtres descendant du bord costal, l'une courte et intracellulaire, la seconde extracellulaire composée de quelques macules dont l'ensemble décrit un arc, enfin la troisième, submarginale et descendant plus bas que les deux autres, marquée d'un ocelle noir. Toutes ces taches ne sont que la reproduction du dessous où elles sont bien plus nettement indiquées. Aux ailes inférieures, on voit également transparaître du dessous la série d'ocelles intranervuraux noirs, plus ou moins pupillés de blanc et cerclés de brun plus pâle, qui est parallèle au bord extérieur.

Le dessous est brun saupoudré d'atomes jaune verdâtre, surtout aux ailes inférieures. Outre les dessins blanc jaunâtre des ailes supérieures et la rangée de gros ocelles intranervuraux, noirs, largement cerclés de jaune, qui descend le long du bord des ailes inférieures, le disque verdâtre de celles-ci est limité par une ligne blanchâtre assez large, très sinueuse, qui l'isole de la rangée ocellaire précitée, et son milieu contient quelques traits épars également blanchâtres. Le bord extérieur des quatre ailes est jaunâtre traversé par un double liséré rougeâtre et brunâtre parallèle au-bord extérieur.

Comme les précédents, ce *Pararge* vient de Tâ-Tsien-Loû.

Satyrus Magica, Oberthür (pl. IV, fig. 24).

Appartient au groupe de *Circe*, la seule espèce qui le représente en Europe, alors que le nord de l'Inde en nourrit un nombre relativement assez grand (*Brahminus, Weranga, Saraswati, Padma, Swaha*), et est très facile à distinguer de toutes les espèces actuellement connues par la tache blanche, ovalaire, allongée, qu'on voit à l'intérieur de chacune des cellules discoïdales, aussi bien aux ailes supérieures qu'aux ailes inférieures.

Je possède un seul ♂ que m'a envoyé Mgr Biet.

Callerebia Sylvicola, Oberthür (pl. IV, fig. 25).

Ailes arrondies, brun noir un peu chatoyant; les supérieures marquées d'une grosse tache noire, subapicale, bipupillée de blanc bleuâtre ou violacé, cerclée de fauve rougeâtre; les inférieures d'un rang de quatre ocelles noirs, intranervuraux, submarginaux, pupillés de bleu violâtre clair, cerclés de fauve rougeâtre. En dessous, les ocelles sont cerclés de jaune chamois; les ailes supérieures sont largement lavées de brun rouge un peu carminé; la côte et le bord extérieur sont brun grisâtre.

Les ailes inférieures sont brunes, semées d'atomes gris jaunâtre au milieu desquels on voit deux bandes brunes sinueuses, l'une submarginale, l'autre extracellulaire descendant du bord costal vers le bord anal.

La *Callerebia Sylvicola* a été prise à Châpa.

Callerebia Pratorum, OBERTHÜR (pl. IV, fig. 26).

Plus petite que *Polyphemus* et *Amada*; ayant les ailes peu épaisses, comme ces espèces, mais de forme moins arrondie. En outre, diffère d'*Amada* par sa couleur plus noire en dessus et la tache subapicale bioculée plus largement cerclée de fauve rougeâtre. Ce cercle rougeâtre s'étend plus largement au-dessous de la tache noire bioculée. En dessous, les ailes supérieures sont lavées de rouge brun un peu carminé et les inférieures sablées d'atomes gris sont traversées par une éclaircie sinueuse, jaunâtre au milieu et descendant du bord costal au bord anal.

La ♀ diffère du ♂ par sa teinte brune moins obscure, la tache bioculée de l'apex des supérieures plus large, les ailes inférieures en dessous plus claires.

M⁣ᵍʳ Biet a trouvé cette nouvelle *Callerebia* à Tâ-Tsien-Loû où elle paraît être abondante.

La *Polyphemus* découverte à Mou-Pin habite aussi Tâ-Tsien-Loû et Châpa, avec les *Satyrus Thibetanus*, *Agrestis* et *Armandina*.

Neope Christi, OBERTHÜR (pl. III, fig. 18).

Dédiée à M. le Dᵣ Christ, de Bâle, entomologiste et botaniste distingué, comme témoignage d'amicale estime.

En dessus, ressemble à la *Neope Goschkevitschii* du Japon; mais diffère par la couleur plus pâle, presque blanche de ses taches et la forme de ses ailes un peu plus aiguë. En dessous, le caractère distinctif saillant est dans la disposition des dessins de la partie de l'aile inférieure qui s'étend depuis la base jusqu'à la rangée submarginale

4

d'ocelles intranervuraux. Ces dessins très compliqués sont traversés dans *Christi* par trois lignes grises assez droites qui n'existent pas dans *Goschkevitschii*.

Je possède un ♂ et une ♀ pris à Tâ-Tsien-Loû par Mᵍʳ Biet.

Eudamus Bifasciatus, BREMER-MÉNÉTRIÈS (pl. VI, fig. 47).
Eudamus Germanus, OBERTHÜR (pl. VI, fig. 48).
Eudamus Nepos, OBERTHÜR (pl. VI, fig. 49).

La même description conviendrait presque à ces trois *Hespéries*, pourtant bien distinctes spécifiquement. Les ailes sont noirâtres en dessus, avec l'angle apical traversé de taches blanches vitreuses qui ont la même disposition générale, mais présentent quelques dissemblances. Les caractères différentiels importants se trouvent aux ailes inférieures, en dessous, dont le fond plus ou moins grisâtre ou brunâtre offre un dessin spécial pour chaque espèce.

Les figures que je publie sont exécutées avec une exactitude parfaite et me paraissent seules pouvoir renseigner dans cette circonstance.

L'*Eudamus (Goniloba) Bifasciatus*, Bremer, a été pris à Tsé-Kou par M. le R. P. Dubernard et en Chine par M. l'abbé David. J'en possède trois exemplaires.

L'*Eudamus Germanus* vient de Tâ-Tsien-Loû, d'où Mᵍʳ Biet m'a envoyé quatre spécimens.

Enfin l'*Eudamus Nepos* a été pris également à Tâ-Tsien-Loû et j'en ai deux beaux ♂.

Ma collection contient une quatrième espèce, que je crois inédite, du Punjaub; elle ressemble beaucoup à *Frater*, mais dans la bande maculaire vitreuse de l'aile supérieure, la tache médiane est triangulaire et contiguë aux autres taches.

Ces *Eudamus* d'Asie ne sont pas très éloignés des espèces américaines *Bathyllus*, *Nevadæ*, *Pylades*, *Bryaxis*, etc.

Syricthus Bieti, OBERTHÜR (pl. VI, fig. 50),

Dédié à Mᵍʳ Biet qui l'a découvert à Tâ-Tsien-Loû.

Voisin de *Maculatus* dont il diffère peu en dessus, mais très distinct en dessous par les dessins gris jaunâtre de ses ailes inférieures.

Le dessous de l'abdomen est blanchâtre.

Carterocephalus Abax, OBERTHÜR (pl. V, fig. 27).

Ailes brun noir, frangées de jaune d'or, surtout aux inférieures et marquées de taches jaune d'or, au nombre de cinq, sur les supérieures, de forme assez rectangulaire ; l'une d'elles est jointe par un trait nervural à la base ; et au nombre de quatre sur les inférieures, de forme assez arrondie, l'une dans l'espace cellulaire et les trois autres alignées en dessous de celle-ci, comprenant deux grosses et une petite, celle qui est plus près du bord anal.

Le dessous diffère du dessus, parce que les ailes inférieures sont saupoudrées de gris verdâtre et de jaunâtre. L'abdomen est gris jaunâtre en dessous avec l'extrémité anale jaune. Les pattes sont jaunes ; les antennes sont finement annelées de jaune et ont la massue jaune.

M⁸ʳ Biet a recueilli trois exemplaires du *Carterocephalus Abax* à Tâ-Tsien-Loû.

Carterocephalus Houangty, OBERTHÜR (pl. V, fig. 3).

Espèce voisine du *Sylvius*, mais d'un jaune plus foncé en dessus. Les taches noires sont plus épaisses ; elles ont cependant à peu près la même disposition que dans *Sylvius*. Les caractères différentiels saillants se trouvent principalement aux ailes inférieures en dessous.

J'ai fait représenter un ♂. La ♀ diffère du ♂ de la même façon que chez *Sylvius*.

Le *Carterocephalus Houangty* paraît être abondant à Tâ-Tsien-Loû.

Carterocephalus Niveomaculatus, OBERTHÜR (pl. II, fig. 8).
Et Carterocephalus Flavomaculatus, OBERTHÜR (pl. II, fig. 9).

Ces deux *Carterocephalus* sont bien voisins l'un de l'autre ; mais comme je possède les deux sexes de chacun, je les crois spécifiquement distincts. La différence saillante consiste dans la couleur générale noir velouté du dessus des ailes de *Niveomaculatus* et dans les deux rangées maculaires blanc pur de l'aile supérieure, les deux taches de l'aile inférieure également blanc pur, comme la frange de l'aile inférieure et de l'apex de l'aile supérieure.

Dans *Flavomaculatus*, le dessus des quatre ailes est brun, les taches des ailes sont d'un jaunàtre un peu sale, ainsi que la frange des ailes inférieures et de l'apex des supérieures. De plus, chez cette dernière espèce, les taches des ailes sont plus petites.

En dessous, ce sont encore les mêmes différences de blanc et de jaunàtre qui atteignent même les taches nacrées des ailes inférieures. Elles sont légèrement jaunies dans *Flavomaculatus*.

Ces deux jolis *Carterocephalus* volent à Tà-Tsien-Loù, et j'en suis redevable à M⁒ Biet.

Pamphila Bivitta, OBERTHÜR (pl. VI, fig. 46).

Les quatre ailes en dessus sont brunes, entourées d'une frange plus claire qui est entrecoupée de noiràtre aux ailes supérieures dont l'apex est plus obscur que le fond des ailes. Une tache cellulaire, trois subapicales juxtaposées et deux infracellulaires en échelon, jaunàtres, avec un reflet brillant qui leur donne une apparence vitreuse, sont les seules que contiennent les ailes supérieures en dessus ; les inférieures sont sans aucune tache. Mais il y a chez le ♂, aux ailes supérieures, au-dessous de la tache cellulaire jaunàtre, une sorte de bouton velu jaunàtre.

Dessous brun rougeàtre, sauf le disque des supérieures qui est noiràtre ; celles-ci reproduisant les taches du dessus et en outre ornées d'une rangée maculaire, submarginale, jaune pàle mat, qui descend droit du bord costal vers le bord inférieur. Les ailes inférieures sont pourvues de deux traits argentés, droits, nets, assez longs ; l'un d'eux est surmonté d'une petite tache basilaire allongée, également argentée, et il y a deux petites taches de même couleur, l'une submarginale, entre les deux longs traits, l'autre au-dessous du trait inférieur.

Les pattes sont jaune d'ocre. Les antennes sont finement annelées de blanchàtre et de brun en dessus ; elles sont ochracées en dessous.

Tà-Tsien-Loù.

Pamphila Subhyalina, BREMER, var. Thibetana, OBERTHÜR (pl. VI, fig. 45).

Je considère comme variété géographique de la *Subhyalina*, Bremer, représentée par Ménétriès dans l'*Enumeratio corporum animalium Musæi petropolitani* (♂, pl. V, fig. 7), l'Hespérie que Mgr Biet a prise à Tâ-Tsien-Loû, et dont une ♀ est figurée dans le présent ouvrage. Je possède plusieurs ♂ et ♀ de la *Subhyalina* et de sa variété *Thibetana*. Cette variété constante est plus petite, le dessous des ailes inférieures est plus obscur et le nombre des taches plus claires y est réduit.

Metagastes Bieti, Oberthür (pl. I, fig. 2).

A peu près la même falcature d'ailes que celles du *Metagastes* (*Ambylya*) *Güssfeldtii*, Dewitz, mais taille plus petite. Couleur générale brun olive aux ailes supérieures ; un point central blanc divisant un trait horizontal brun foncé et occupant presque le milieu d'une tache subtriangulaire limitée par la côte, l'espace submarginal et une ligne médiane plus pâles ; celle-ci s'élargissant au contact du bord inférieur et descendant du bord costal entre l'espace basilaire et la tache subtriangulaire centrale plus foncés ; une tache subapicale brun noirâtre. Aux ailes inférieures, une grosse tache brun noirâtre, assez courte, mais de forme allongée, au milieu d'une sorte d'éclaircie parallèle au bord extérieur qu'elle sépare d'un espace brunâtre occupant toute la partie supérieure des ailes. Épaulettes du thorax plus foncées que le reste du corps.

Dessous différant du dessus par l'absence du point blanc aux supérieures et la présence d'une tache brun noirâtre, rectangulaire, aux inférieures.

Ce *Metagastes Bieti* a été découvert par Mgr Biet à qui je l'ai dédié.

Agarista Bieti, Oberthür (pl. II, fig. 12).

J'ai décrit dans le *Bulletin de la Société entomologique de France*, 1885, pages ccxxviii et ccxxix, ce nouvel *Agarista*, d'après des exemplaires pris à Tâ-Tsien-Loû par Mgr Biet.

Chalcosia Bieti, Oberthür (pl. VI, fig. 40).

Voisine de *Davidi*, mais plus petite et beaucoup plus obscure, les nervures étant largement couvertes d'une sorte de vitrification brunâtre au milieu de laquelle sont isolées un certain nombre de taches blanc jaunâtre.

Les antennes du ♂ sont noires et fortement pectinées ; celles de la ♀ sont lisses et se terminent en s'épaississant un peu. La ♀ a d'ailleurs les ailes moins obscurcies que celles du ♂, les parties blanchâtres y étant plus dilatées. Le dessous reproduit presque exactement le dessus.

. J'ai reçu très peu d'exemplaires de cette nouvelle *Chalcosia* que Mᵍʳ Biet a rencontrée à Tâ-Tsien-Loû.

Euprepia Zerenaria, Oberthür (pl. III, fig. 17).

Grande et belle espèce rapportée de Chine par M. l'abbé David. Ailes longues ; les supérieures blanc jaunâtre sur le disque et jaunes sur le long du bord extérieur, semées de taches assez larges de forme générale oblongue, brunâtres ; les inférieures jaune d'or parcourues de bandes maculaires brun noirâtre, régulières, allant du bord antérieur au bord anal et ayant généralement la forme d'une demi-ellipse.

Dessous des ailes maculé comme en dessus, mais entièrement jaune d'or.

Corselet noirâtre, avec les épaulettes et les pièces du collier bordées de jaune. Abdomen jaune d'or, ayant chaque anneau marqué de six taches noirâtres, dont quatre latérales, une dorsale et une abdominale.

Arctia Y albulum, Oberthür (pl. V, fig. 29).

Jolie Chélonide, voisine de *Casta, Maculosa, Latreillei*, ayant les ailes supérieures brun noir, marquées de taches blanchâtres, comme suit : trois taches costales dont la dernière subapicale plus longue ; un trait long, net, partant de la base au-dessous de la nervure cellulaire et finissant en pointe à l'angle interne, et enfin, une tache en forme d'Y contiguë au bord externe par ses deux branches ; ses ailes inférieures sont jaune d'or avec la base noire et une rangée de taches noires marginales plus ou moins confluentes.

Dessous reproduisant les taches du dessus, mais lavé de jaune et ayant le bord antérieur des ailes inférieures rougeâtre orangé.

Antennes du ♂ pectinées ; antennes de la ♀ filiformes noires. Abdomen noir, bordé latéralement de poils rouges ; épaulettes et thorax entourés de blanchâtre.

Je possède un ♂ et deux ♀ trouvés à Tâ-Tsien-Loû par Mᵍʳ Biet.

Var. **Lugubris**, OBERTHÜR.

Diffère du type par ses ailes inférieures entièrement noires.

Saturnia Davidi, OBERTHÜR (pl. VII, fig. 51).

Très belle Saturnie rapportée de Chine par M. l'abbé David, voisine de *Jankowskii* et surtout de *Fugax* ♀ dont elle diffère par les quatre croissants vitreux, cerclés de jaune pâle qui forment la cellule de chacune des ailes et par la teinte brun violâtre qui remplace la teinte jaune sur le disque des ailes.

Je ne connais que le ♂.

Saturnia Bieti, OBERTHÜR (pl. VII, fig. 58).

Espèce voisine de *Grotei*, Moore, mais bien distincte par ses ailes inférieures grises et non lavées de rose, ses supérieures également grisâtres et non brunes. D'autre part l'espace basilaire dans *Bieti* est au-dessous du rameau nervural costal occupé par une pilosité noire, mélangée de violet et de blanc. L'exemplaire ♀ de *Bieti* ayant servi de modèle à la figure 58 de la planche VII du présent ouvrage, a été frotté près du thorax et M. d'Apreval n'a pas eu un modèle très précis pour cette partie de son dessin. J'ai reçu un ♂ dont le bord des ailes est lacéré, mais dont la base est intacte. Voici comment se trouve l'espace basilaire dans cet échantillon : une tache noire formant presque un losange, dont le côté extérieur est liséré triplement de blanc, de violet et enfin de noir. Les antennes du ♂ sont fortes et très pectinées.

La *Saturnia Grotei*, dont je possède une ♀ provenant de Turcomanie et donnée par Eversmann au Dʳ Boisduval, a été figurée, mais très grossièrement, par M. Arthur Gardiner Butler, dans l'ouvrage : *Illustrations of typical Specimens of Lepidoptera Heterocera in the collection of the British Museum*, part V, pl. XCIV, fig. 3 et 4, d'après un ♂ et une ♀ venant de Darjiling. M. Moore a donné une figure du ♂ mieux soignée et d'après un exemplaire différant un peu de ceux que M. Butler a eus sous les yeux, dans les *Proceedings of the Zoological Society of London*, 1859, pl. LXV, fig. 2.

Caustoloma Triangulum, OBERTHÜR (pl. II, fig. 5).

Voisine de l'*Himalayata*, Kollar, et de la *Flavicaria*, W. V., mais tout à fait à part par les dessins composés de lignes droites, épaisses, brunes, divisant les ailes supérieures en trois sections jaune pâle, les deux premières sections triangulaires et la dernière en forme de pointe dont le sommet aboutit à l'apex avec une saillie médiane abordant le sommet de l'angle que forme le bord marginal. Ailes inférieures blanc jaunâtre satiné; les quatre ailes entourées d'une frange brun violâtre.

Le dessous reproduisant par transparence le dessus, mais sablé d'une quantité de petits points couleur de rouille; les inférieures traversées par une ligne brun rougeâtre, à peu près parallèle au bord extérieur et allant du bord antérieur au bord anal.

Tà-Tsien-Loû (Mgr Biet).

Metrocampa Unio, OBERTHÜR (pl. VI, fig. 43).

Espèce frêle, à ailes allongées, les inférieures étroites, anguleuses, les supérieures plus larges ayant le bord extérieur arrondi, uniformément d'un blanc verdâtre argentin, traversées par quatre lignes sinueuses grisâtres.

Corps, antennes, pattes de la couleur des ailes et dessous reproduisant le dessus.

Tà-Tsien-Loû (Mgr Biet).

Amphidasys Thibetaria, OBERTHÜR (pl. V, fig. 30).

Superbe Phalénite voisine de *Bengaliaria*, Guenée, ayant les quatre ailes blanches parcourues par des lignes noires analogues, ornées de taches jaunâtres également disposées, mais unies quant au fond et dépourvues de la multitude de petits traits brunâtres qu'on remarque dans *Bengaliaria*. De plus les antennes de *Thibetaria* ♀ sont entièrement noires et non mélangées de blanc et noir, et l'abdomen est annelé régulièrement de noir.

Le dessous reproduit le dessus.

Certains exemplaires ont les ailes traversées par une bande médiane courbe passant au travers des taches discoïdales.

Châpa (Mgr Biet).

Gnophos Lichenea, OBERTHÜR (pl. V, fig. 33).

Corps assez robuste; antennes du ♂ pectinées; le contour des ailes légèrement dentelé; les quatre ailes grises saupoudrées de noirâtre et mélangées de tons rosés, jaune verdâtre et blanchâtre, et enfin traversées par deux lignes principales, sinueuses, surtout indiquées par le sommet noirâtre de chaque sinuosité. Dessous gris assez uni, un peu argentin avec les points cellulaires et une ligne commune dentelée noirâtre.

Tà-Tsien-Loû (Mᵍʳ Biet).

Abraxas Davidi, OBERTHÜR (pl. III, fig. 16).

Superbe Géomètre découverte par M. l'abbé David et décrite dans le *Bulletin de la Société entomologique de France,* 1885, page ccxxix.

Le Muséum de Paris possède une autre espèce d'*Abraxas* appartenant au même groupe que *Davidi,* mais plus petite et plus délicate, rapportée par le savant Lazariste.

Déjà à la suite d'observations réitérées sur l'oubli incroyable où l'administration du Jardin des plantes a laissé pendant plus de quinze ans les découvertes lépidoptérologiques de M. Armand David, un naturaliste attaché à cet établissement et dont le talent artistique est connu de tous, M. Poujade, fut chargé du soin de décrire les espèces inédites existant dans les cartons du Muséum. Le *Bulletin de la Société entomologique de France* a reçu de fréquentes communications dans lesquelles les diagnoses d'un certain nombre d'espèces ont successivement paru. Mais que signifient des descriptions sans figures? Dans l'état actuel de la science, il est impossible avec la description seule d'identifier un insecte. Qu'il me soit permis d'espérer que l'habile pinceau de M. Poujade ne restera pas inutilisé et que bientôt nous connaîtrons les figures, après lesquelles seront consacrés les noms donnés par cet auteur aux espèces de papillons chinois et thibétains que depuis bientôt deux ans il a commencé à décrire. Oserai-je rappeler encore que M. le professeur Blanchard a indiqué par quelques mots seulement dans les *Comptes rendus hebdomadaires des séances de l'Académie des sciences* (tome LXXII, nᵒ 25 du 26 juin 1871) quelques espèces de Lépidoptères nouvelles et provenant de M. l'abbé David? C'est à ces

5

descriptions (*) à peine ébauchées que des figures constitueraient un complément indispensable. Je ne puis croire que le Muséum national de Paris, à qui ses antiques traditions conservent une place encore si honorable dans le monde scientifique, ne puisse enfin réaliser pour quelques espèces de papillons une illustration devenue absolument nécessaire.

Melanippe Lugens, Oberthür (pl. II, fig. 4).

Taille d'*Hastata* et comme elle blanche et noire; les ailes supérieures ont le disque blanc avec un point cellulaire noir, l'espace basilaire est noir et parcouru par un trait sinueux blanc; le bord externe est largement noir avec un trait costal blanc, court, oblique, fulguré, près de l'apex, et une ligne transverse descendant du bord antérieur au bord inférieur, sinueuse avec une sorte de pointe blanche, comme dans *Hastata*, qui pénètre dans le noir vers le bord extérieur.

Les ailes inférieures sont blanches, bordées de noir, mais on voit transparaître le trait noir qui, en dessous, empâte les nervures. La bordure marginale noire est souvent précédée de points noirs.

Les épaulettes sont jaunâtres.

Les antennes sont noires et filiformes; l'abdomen noir est annelé de jaune; l'extrémité anale et la base des pattes sont jaunes.

Tâ-Tsien-Loû (Mgr Biet).

Scotosia Albiplaga, Oberthür (pl. VI, fig. 42).

Taille de *Certata*; les quatre ailes noires, mais les supérieures plus foncées que les inférieures; celles-ci, d'un ton uni un peu brillant, avec une ligne grisâtre, submarginale, ondulée; les supérieures sont traversées par une série de petites lignes ondulées, parallèles entre elles, très rapprochées, blanchâtres et noirâtres et en outre, ornées d'une assez large tache costale blanche, ne dépassant pas le rameau inférieur nervural.

Dessous comme le dessus, mais moins foncé et argentin luisant.

Tâ-Tsien-Loû (Mgr Biet).

(*) *Papilio Hercules, Papilio Horatius, Rhodocera Amintha, Rhodocera Alvinda, Vanessa Prorsoïdes, Thecla Betuloïdes,* Lucas; *Thecla Saphir.*

Stamnodes Depeculata, Lederer, var. **Thibetaria,** Oberthür (pl. VI, fig. 44).

Habite Tà-Tsien-Loû (Mgr Biet) et la Chine (Armand David).

Diffère de la forme arménienne de *Depeculata* par l'apex de ses ailes supérieures maculé triangulairement de noirâtre plus foncé, la frange de ses ailes supérieures presque entièrement noirâtre, le fond blanc plus argenté de ses ailes et les parties plus foncées dans le semis d'atomes noirs qui couvre ses ailes inférieures en dessous.

Pyrausta Thibetalis, Oberthür (pl. II, fig. 6).

Voisine de *Silhetalis*, Guenée, mais plus grande ; les ailes supérieures brun carminé, traversées par une bande assez droite jaune paille qui descend du bord costal au bord inférieur des ailes ; les inférieures noires traversées par une bande jaune d'or assez large, du bord antérieur au bord anal. Dessous jaune, avec le bord costal un peu carminé ; un point médian noir et une bande noirâtre parallèle au bord extérieur sur les ailes supérieures.

Tà-Tsien-Loû (Mgr Biet).

Pyrausta Bieti, Oberthür (pl. II, fig. 10).

La plus grande des espèces connues. Les ailes supérieures brunes avec trois taches jaune d'or, une petite dans l'espace basilaire, une assez grosse médiane, la dernière costale, assez près de l'apex et se terminant en brun plus pâle que la couleur du fond. Les inférieures noires, avec une tache jaune en forme de larme, près de la base, et une bande sinueuse, longeant le bord marginal, plus large près du bord antérieur. La frange brune aux supérieures, avec un point jaunâtre et jaune aux inférieures, avec un point brun. Dessous reproduisant le dessus, mais plus jaune.

Tà-Tsien-Loû (Mgr Biet).

EXPLICATION DES PLANCHES

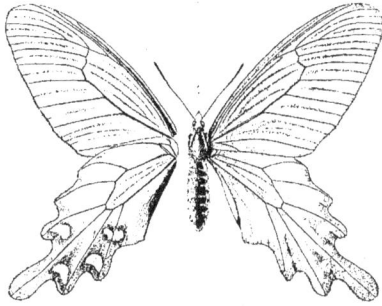

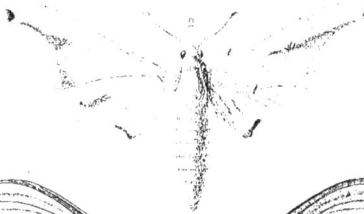

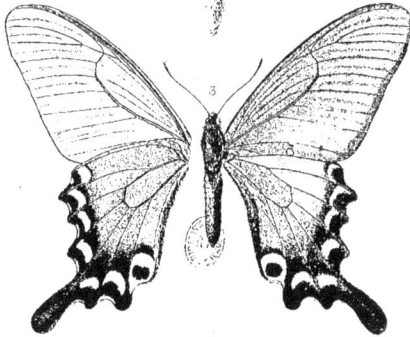

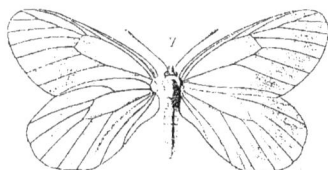

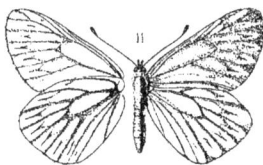

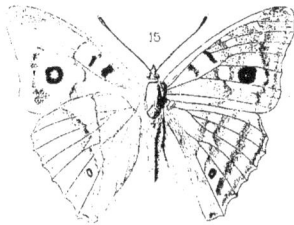

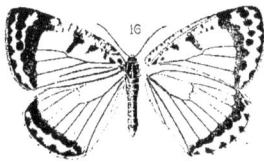

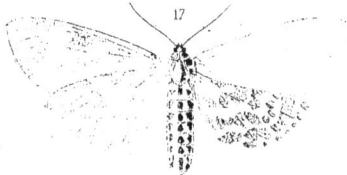

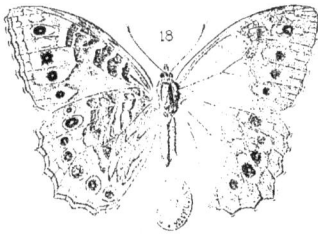

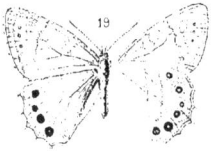

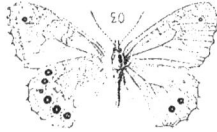

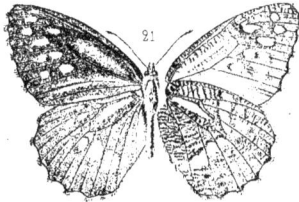

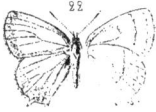

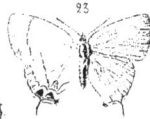

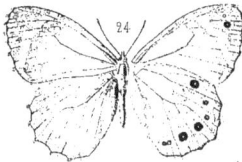

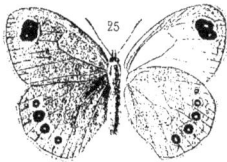

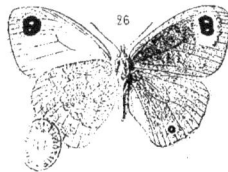

Imp. Oberthür, Rennes.   d'Apreval, lith.sculpsit.

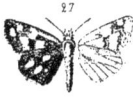

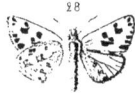

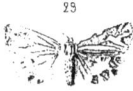

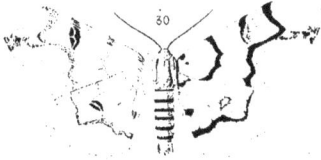

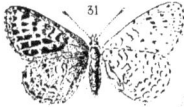

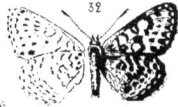

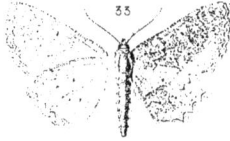

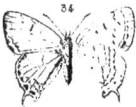

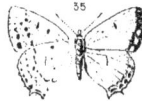

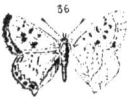

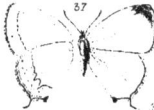

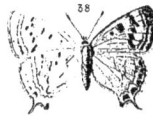

Imp. Oberthür, Rennes   A. Appert, lithosculpsit.

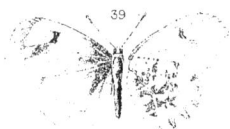

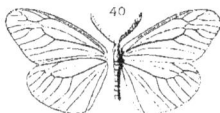

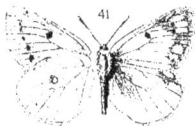

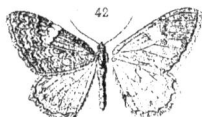

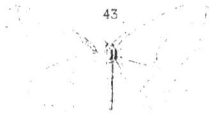

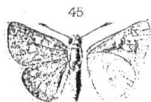

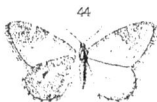

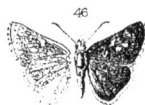

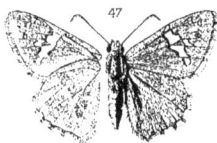

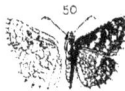

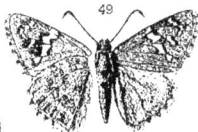

Imp. Oberthür, Rennes.

d'Apreval, lithographit.

Imp. Oberthür, Rennes.

d'Apreval, lithosculpsit

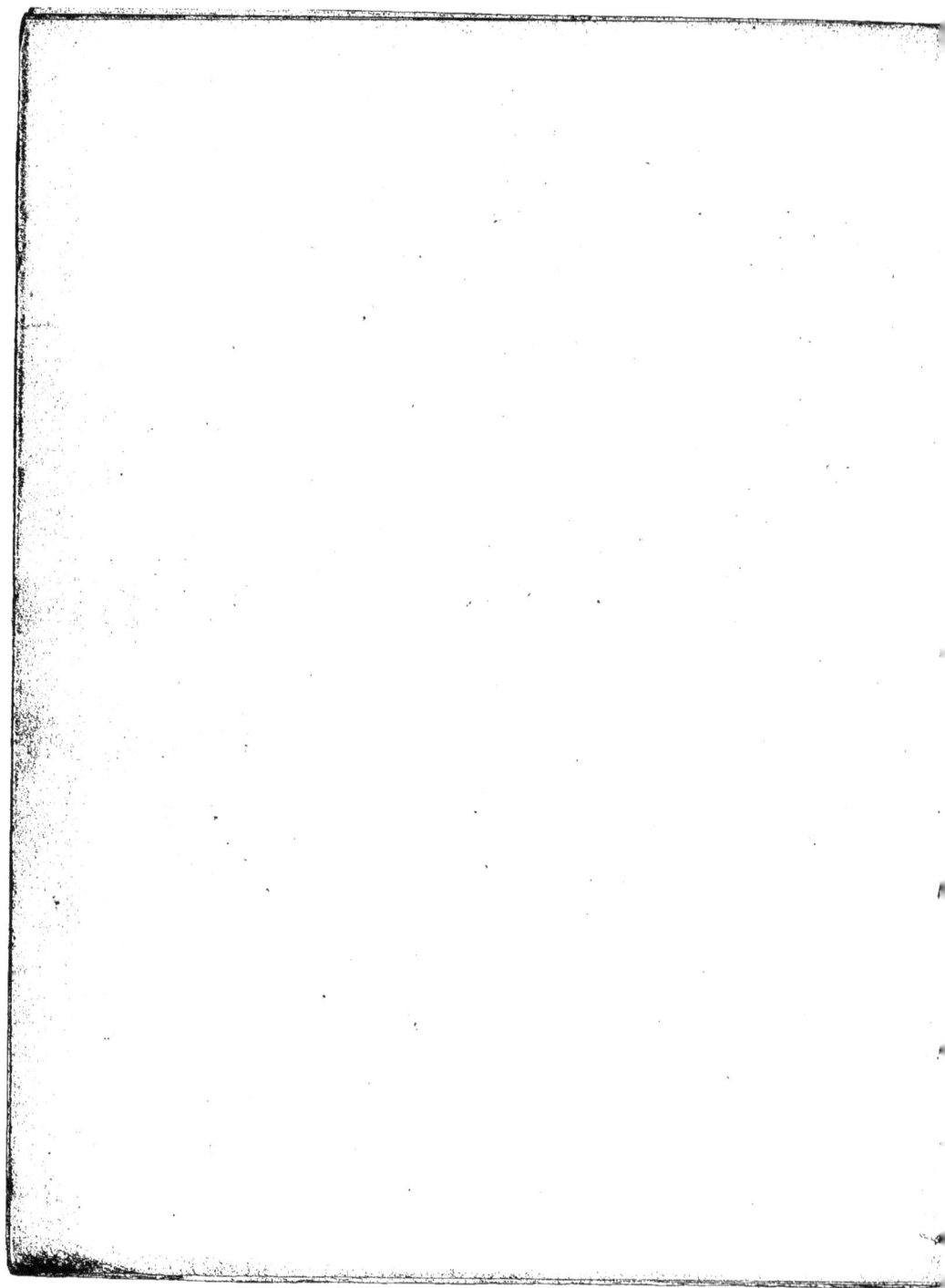

www.ingramcontent.com/pod-product-compliance
Lightning Source LLC
Chambersburg PA
CBHW070916210326
41521CB00010B/2202